BEI GRIN MACHT SICH IHR WISSEN BEZAHLT

AF152581

- Wir veröffentlichen Ihre Hausarbeit, Bachelor- und Masterarbeit

- Ihr eigenes eBook und Buch - weltweit in allen wichtigen Shops

- Verdienen Sie an jedem Verkauf

Jetzt bei www.GRIN.com hochladen und kostenlos publizieren

GRIN

Christopher Späth

Transrapid in München?

Ein Planspiel zum Thema Stadtentwicklung

GRIN Verlag

Bibliografische Information der Deutschen Nationalbibliothek:

Die Deutsche Bibliothek verzeichnet diese Publikation in der Deutschen National-
bibliografie; detaillierte bibliografische Daten sind im Internet über http://dnb.d-
nb.de/ abrufbar.

Impressum:

Copyright © 2006 GRIN Verlag GmbH
Druck und Bindung: Books on Demand GmbH, Norderstedt Germany
ISBN: 978-3-638-91807-7

Dieses Buch bei GRIN:

http://www.grin.com/de/e-book/85599/transrapid-in-muenchen

GRIN - Your knowledge has value

Der GRIN Verlag publiziert seit 1998 wissenschaftliche Arbeiten von Studenten, Hochschullehrern und anderen Akademikern als eBook und gedrucktes Buch. Die Verlagswebsite www.grin.com ist die ideale Plattform zur Veröffentlichung von Hausarbeiten, Abschlussarbeiten, wissenschaftlichen Aufsätzen, Dissertationen und Fachbüchern.

LMU München
Institut für Geowissenschaften
Sektion Geographie – Didaktik der Geographie
PS: Rätsel und Spiele im Geographieunterricht
WS 2005/2006
Datum: 23.1.2006

„Transrapid in München?"

Ein Planspiel zum Thema Stadtentwicklung

Christopher Späth

Lehramt Gymnasium: Germanistik/Geographie

Inhaltsverzeichnis

I. Einleitung

Das Thema Stadtentwicklung lässt sich in der 11. Klasse Gymnasium im Bereich der Strukturanalyse des Heimatraumes behandeln. Die Schüler werden auf die Struktur ihrer Heimatstadt und deren Entwicklung aufmerksam gemacht. Stadtplanerische Vorgänge werden analysiert und Auswirkungen erörtert. Die geplante Transrapidstrecke vom Münchner Hauptbahnhof zum Flughafen Franz Josef Strauss ist ein gutes Beispiel für gravierende Veränderungen im Verkehrssystem der Stadt München. Dieses Projekt ist sehr umstritten, da sich der Nutzen der Verkehrslinie nicht jedem erschließt. So befindet sich das Bayerische Staatsministerium für Wirtschaft, Infrastruktur, Verkehr und Technologie, das das Projekt befürwortet im Konflikt mit der Stadt München, die Investitionen lieber an anderer Stelle sehen würden. Um den Schülern die Positionen der einzelnen Parteien zu verdeutlichen, so dass sie deren Motivation verstehen, bietet es sich an, das Thema im Rahmen eines Planspieles zu behandeln.

In der Ausführung werden neben der Sachanalyse das Planspiel erklärt und der Ablauf beschrieben. Im Anschluss daran wird die didaktische Analyse des Themas durchgeführt.

II. Sachanalyse:

Die Sachanalyse beschränkt sich auf eine kurze Geschichte der Technologie der Magnetschwebebahn und ihre aktuellen Einsatzorte. Zudem wird auf die Situation in München eingegangen und es werden bereits an dieser Stelle einige der Konflikte angesprochen.

1. Verkehrsverbindungen zum Münchner Flughafen: Fahrtzeit und Kosten

Der Münchener Flughafen Franz Josef Strauss kann vom Hauptbahnhof entweder mit der S-Bahn, dem Flughafenbus, dem Taxi oder dem PKW erreicht werden. Die einzelnen Möglichkeiten unterscheiden sich stark im Bezug auf Fahrtzeiten und - kosten. Die S-Bahn ist mit 8 Euro für eine Einzelfahrt und einer Fahrtzeit von 40 Minuten die kostengünstigste und momentan schnellste Verbindung zum Flughafen. Der Flughafenbus kostet ca. 9 Euro und benötigt, je nach Verkehrssituation, etwa 45-60 Minuten. Fährt man mit dem PKW, beträgt der Fahrpreis inklusive Parkgebühren für einen Tag ca. 35 Euro. Man benötigt auch hier ca. 45-60 Minuten. Die Fahrt mit dem Taxi nimmt genauso viel Zeit in Anspruch, ist mit ca. 50 Euro jedoch noch teurer.

Der neue Transrapid würde nur ca. 10 Minuten benötigen. Ein Aufschlag von ca. 60% auf den S-Bahn-Tarif, also ca. 13 Euro für eine Einzelfahrt, wäre zu entrichten.[1]

2. Der Transrapid: Technik und Einsatzmöglichkeiten

Das Magnetschwebebahn-Transportsystem wird seit Anfang der 70er Jahre von mehreren deutschen Unternehmen, unter anderem MBB und AEG Telefunken, entwickelt und auf mehreren Teststrecken erprobt. Ein Prototyp wurde 1979 auf der Internationalen Verkehrsausstellung in Hamburg vorgestellt, in deren Rahmen der Transrapid auch erstmals Personen beförderte.[2] Die Versuchsergebnisse zeigten, dass der Transrapid der herkömmlichen Eisenbahn, also der Rad-Schiene-Technik, überlegen ist. Mittlerweile haben die deutschen Unternehmen einen Entwicklungsvorsprung von 2 Jahren vor der ausländischen Konkurrenz. Zum erfolgreichen Export der Technologie wäre nach Meinung der Entwickler jedoch eine Referenzstrecke in Deutschland günstig. Nur so könne die Wirtschaftlichkeit erfolgreich demonstriert werden. Die Technik gilt als sehr sicher, Kollisionen sind nicht möglich, da immer nur ein Zug pro Trasse unterwegs ist. Kleinere Gegenstände auf der Strecke stellen kein Problem da. Der Transrapid hat eine eigene Stromversorgung, so dass bei einem Stromausfall die Weiterfahrt sicher gestellt ist. Zudem kann der Transrapid auch ohne Strom auf der Trasse gleiten, ohne zu entgleisen. Ein Nachteil ist jedoch der sehr lange Bremsweg.[3]

Die Verbindung des Münchner Hauptbahnhofes mit dem Flughafen Franz Josef Strauss ist eine von mehreren möglichen Strecken. Ursprünglich waren die Strecken Hamburg – Hannover, Hamburg – Berlin und Essen – Bonn im Gespräch. Bis auf die geplante Trasse in München wurden alle anderen Projekte wegen finanzieller Probleme fallen gelassen. Im Jahr 2003 nahm die Bundesregierung die Transrapidfinanzierung in den Bundeshaushalt auf. Insgesamt sollten 2,3 Milliarden Euro bereitgestellt werden. Nach München sollten 550 Millionen Euro gehen, nach Nordrhein-Westfalen die restliche Summe. Die Verteilung richtete sich nach der Länge der

---

[1] http://www.bmg-bayern.de/vort_10.php
[2] http://www.transrapid.de/cgi-tdb/de/basics.prg?session=549a752643cf678a&a_no=41
[3] http://www.br-online.de/bayern-heute/thema/transrapid/sicherheit.xml

4

Strecken. Da das Geld somit nicht zu gleichen Teilen ausgegeben werden sollte, kam es zum Streit um die Mittelverteilung.[4]

Auch im Ausland findet der Transrapid Anhänger. In den Niederlanden, in den USA und in Australien wird über den Bau von Transrapid-Trassen nachgedacht. In Groß-Britannien läuft eine Machbarkeitsstudie über eine 800 Kilometer lange Nord-Süd-Verbindung.[5] Bereits realisiert ist der Transrapid in China, wo das Stadtzentrum von Shanghai mit dem Industrie- und Handelszentrum Pudong verbunden ist. Diese Strecke entspricht mit 32 Kilometern in etwa dem Münchner Vorschlag. Die Bundesregierung unterstützte das Projekt. Weitere Strecken befinden sich in Planung, denn die Chinesen sind mit der Technik sehr zufrieden. Mit dem Transrapid haben sie ein wichtiges Verkehrsproblem lösen können. Der Transrapid erreicht eine Verfügbarkeit von 99,8%, der Betrieb wurde mittlerweile von 9 auf 14 Stunden erhöht. China betreibt sehr eifrig eine Erweiterung und strebt danach, bei folgenden Projekten rund 70% der Leistungen an chinesische Unternehmen abzugeben. Es besteht durchaus die Gefahr, dass China Marktführer auf dem Gebiet der Magnetschwebebahn werden könnte.[6]

Im Koalitionsvertrag der neuen Bundesregierung ist die Realisierung mindestens einer Strecke vorgesehen.[7] Das neue Beschleunigungsgesetz der Bundesregierung soll zu einer schnelleren Abwicklung öffentlicher Bauvorhaben führen. Damit soll eine mögliche Blockade dieser Verfahren durch spendenfinanzierte Lobbyisten eingeschränkt werden. Auch die Strecke zum Münchner Flughafen soll dann unter diese Regelung fallen.[8]

3. Der geplante Einsatz des Transrapid in München:

Das bayrische Finanzierungskonzept geht von Gesamtkosten in Höhe von 1,6 Milliarden Euro aus, von denen der Bund 550 Millionen Euro tragen soll. Eine Voraussetzung für das Engagement des Bundes ist eine Beteiligung der Wirtschaft. Diese soll 100 Millionen Euro beisteuern, so Ex-Wirtschaftsminister Wiesheu. Aus dem Betrieb

---

[4] http://www.br-online.de/bayern-heute/thema/transrapid/index.xml
[5] http://www.magnetbahn-bayern.de/November05/november05.html
[6] http://www.magnetbahn-bayern.de/09_09_05/09_09_05.html
[7] http://www.magnetbahn-bayern.de/Dezember05/01_12_05/01_12_05.html
[8] http://www.magnetbahn-bayer.de/Dezember05/01_12_05/17_12_05.html

der Transrapid-Verbindung kann bei geschätzten 7,86 Millionen Passagieren pro Jahr ein möglicher Gewinn von 25,6 Millionen Euro erwirtschaftet werden.[9]

Der Freistaat Bayern hat sich mittlerweile aus der Planung zurückgezogen. Die Kosten seien nicht mehr überschaubar und deshalb wurde die Planung ganz an die Deutsche Bahn abgegeben. Die DB-Magnetbahngesellschaft wird Bauherr, Eigentümer und Betreiber der Strecke sein.[10] 1

Am 22. 7. 2005 wurden beim Eisenbahn-Bundesamt die Unterlagen für alle 5 Planungsabschnitte eingereicht, damit war das Planungsfeststellunsverfahren eingeleitet, dass in 18 Monaten abgeschlossen sein soll.

Im Jahr 2005 beschloss der Münchner Stadtrat die dritte Startbahn am Münchner Flughafen. Um die Attraktivität des Flughafens zusätzlich zu erhöhen wäre der Betrieb des Transrapids günstig. Umsteige-Passagiere könnten die schnelle Verbindung in die Innenstadt zu kurzen Ausflügen in die Stadt nutzten könnten. Zudem ist das Straßennetz am Flughafen schon heute überlastet. Bis 2006 soll eine Betriebsgenehmigung vorliegen. Dann steht die endgültige Entscheidung an. Bei positivem Ausgang ist die Realisierung bis 2010 vorgesehen. [11]

Eine Alternative zum Transrapid wäre der Bau einer Express-S-Bahn, die mit einer Geschwindigkeit von 160 km/h eine Verbindung in 20 Minuten schaffen könnte. Allerdings wäre dies mit einer höheren akustischen Belastung verbunden. Auch müssten neue Trassen verlegt werden mit einem höheren Flächenbedarf. In der Anschaffung wäre diese Möglichkeit eventuell günstiger, die S-Bahn bleibt aber trotzdem insgesamt defizitär.[12]

4. Kritik am Transrapid-Projekt

Verschiedene Organisationen setzten sich für einen Stopp der Planungen ein. So zum Beispiel der Arbeitskreis „Contratransrapid", oder die Bewohner der Olympia-Pressestadt, die vom Transrapid direkt betroffen wären, da die Trasse durch ihr Wohngebiet verlaufen würde.

Für die Bewohner der Olympia Pressestadt wäre mit einer Lärmbelästigung zu rechnen. Erschütterungen durch vorbeifahrende Züge könnten in hohen Wohnlagen un-

---

[9] http://www.br-online.de/bayern-heute/thema/transrapid/bayern.xml
[10] http://www.br-online.de/bayern-heute/artikel/0412/20-transrapid/index.xml
[11] http://www.br-online.de/bayern-heute/thema/transrapid/aktuell.xml
[12] http://www.magnetbahn-bayern.de/09_09_05.html

angenehm auffallen. Manche Bewohner leben nur 30 Meter neben der geplanten Strecke, es wäre ein Abstand von mindestens 100 Metern notwendig, um die Beeinträchtigung im Erträglichen zu halten. Mit der Durchfahrt von 250 Zügen pro Tag wäre die Störung nicht nur gelegentlich, sondern nahezu die ganze Betriebszeit über gegeben.[13]

Ein weiterer Kritikpunkt ist die einseitige Nutzung des Transrapid. Für den Güterverkehr ist die Magnetschwebebahn nicht geeignet, da ihre Nutzlast zu gering ist. Zudem ist der Transrapid unflexibel in der Streckenführung. Eine Weichenstellung benötigt zu viel Zeit und daher sind kaum Verzweigungen in der Streckenführung möglich.

Der Transrapid zeichnet sich außerdem durch hohen Energieverbrauch aus. Dieser ist etwa dreimal so hoch wie der der normalen S-Bahn und viermal so hoch wie bei der alternativen Express-S-Bahn, deren Bau von der Stadt favorisiert wird. Der ICE ist bis Tempo 250 km/h günstiger, für den Einsatz zum Flughafen aber nicht relevant. Ein technischer Nachteil ist, dass der Transrapid die Bremsenergie im Gegensatz zu neuen Zügen nicht rückspeisen kann.

Es wird auch über die Notwendigkeit einer dritten Verbindung zum Münchner Flughafen diskutiert. Zwei Anbindungen zum Flughafen existieren schon, eine dritte würde somit die Wirtschaftlichkeit der beiden anderen beeinträchtigen.

Der Transrapid hat weniger Plätze als eine S-Bahn, es könnten also weniger Menschen gleichzeitig zum Flughafen fahren. Bevor der Transrapid genutzt wird, fahren schon viele mit der S-Bahn, um an den Hauptbahnhof, dem Ausgangspunkt des Transrapid, zu gelangen. (Umsteigeproblem)

Die Chancen auf dem Weltmarkt werden als gering eingeschätzt. Der Bau und Betrieb der Transrapidstrecke in München würde in den Konzernen lediglich eine Umsatzsteigerung von 1% bedeuten. Zudem ist das System in der Anschaffung 50-100% teurer als vergleichbare Hochgeschwindigkeitszüge. Es sind somit keine wesentlichen Effekte auf die deutsche Verkehrsgüterindustrie zu erwarten, ebenso wenig wie ein Technologieschub.

Die Gelder wären sinnvoll in andere Projekte zu investieren, wie zum Beispiel der Ausbau des öffentlichen Nahverkehrsnetzes.[14]

---

[13] http://www.sueddeutsche.de/muenchen/artikel/728/64664/
[14] http://www.transrapid-muenchen.net/pdfs/grundlagen_weltmarktchancen.pdf

III. Das Planspiel

1.Warum ein Planspiel?

Das Thema Transrapid ist seit Jahren Teil des Münchner „Stadtgesprächs". Die vielen unterschiedlichen Standpunkte lassen sich nur schwer miteinander vereinbaren. Zwangsläufig wird eine Partei sich durchsetzten, da eine Kompromisslösung nur schwer zu erreichen sein wird (entweder/oder). Ein Planspiel gibt einen Überblick über die verschiedenen Interessengruppen und einen groben Einblick in die Verfahrensweisen. Ein Rollenspiel würde zu kurz greifen, da es keine unbedingte Entscheidung fordert. Es soll aber eine Entscheidung gefunden werden, auch wenn mit der nicht alle gleich gut leben können. Das Thema Transrapid wird eigentlich nicht im Unterricht behandelt, obwohl es sich zweifellos um eine Technik handelt, von der in Zukunft noch öfters die Rede sein wird. Das Planspiel bietet sich in der Unterrichtseinheit „Strukturanalyse des Heimatraumes" an, da es auf die Vorgehensweise bei öffentlichen Bauvorhaben eingeht und gleichzeitig die Schüler ermutigt, für eine bestimmte Rolle Empathie zu empfinden und in ihrem Interesse zu argumentieren.

2. Durchführung:

Das Planspiel soll nach Möglichkeit in drei Unterrichtsstunden durchgeführt werden. In der ersten Stunde soll, nach Aktivierung des Vorwissens und Betrachtung einer Folie, die eine Abbildung des Transrapid zeigt, die Rollenverteilung vorgenommen werden. Dies geschieht zufällig, durch Losen oder ähnliches. Anschließend sollen sich die Schüler in das Informationsmaterial einarbeiten und ihr Wissen eventuell durch Internet- oder Zeitungsrecherche ergänzen. Es wird ausdrücklich darauf hingewiesen, dass ein weiteres Sammeln von Informationsmaterial sinnvoll ist. Eine Liste mit nützlichen Links kann bei Bedarf bereitgestellt werden. Die Schüler, die für die Konferenzleitung und für die Entscheidung (Eisenbahn-Bundesamt) eingeteilt worden sind, setzten sich ebenfalls mit der Thematik auseinander.

In der zweiten Unterrichtsstunde sollen sich die einzelnen Gruppen über ihre Argumentationsweise und Argumentationsstrategie Gedanken machen. Hierfür steht ein Drittel der Unterrichtsstunde zur Verfügung. Im Anschluss daran findet eine Konferenz (Anhörung der Regierung von Oberbayern) statt. Die beiden Schüler, die die Konferenzleitung zusammen mit dem Lehrer übernehmen, besprechen mit diesem den ungefähren Ablauf der Konferenz. Während der Diskussion hält sich der Lehrer nach Möglichkeit im Hintergrund. Nach der Konferenz hält die Leitung die wichtigsten Punkte fest und gibt eine schriftliche Einschätzung an das Eisenbahn-Bundesamt weiter, also an die beiden Schüler, denen diese Aufgabe zugelost wurde. Am Ende der Unterrichtsstunde findet eine Rollendistanzierung statt.

In der dritten Unterrichtsstunde wird die Entscheidung verkündet. Der Lehrer hat sich mit den beiden Schülern, die dafür vorgesehen sind, außerhalb der Stunde beraten. Nach der Verkündung der Entscheidung findet eine Rückschau auf das ganze Spiel statt. Nochmal wird auf die Rollendistanzierung hingewiesen. Die Schüler können nun auch über ihre Erfahrungen während des Spiels berichten.

3. Die einzelnen Positionen und Rollen:

Es soll nun bestimmt werden, welche Interessengruppen an der Konferenz teilhaben. Die einzelnen Gruppen werden vorgestellt und ihre Auffassung erklärt.

Je drei pro und contra Gruppen mit gleich vielen Schülern, mindestens drei und maximal sechs Schüler, werden gebildet. Die Konferenzleitung (Regierung von Oberbayern) übernehmen zwei Schüler zusammen mit dem Lehrer. Zwei weitere Schüler bilden zusammen mit dem Lehrer die Entscheidungsträger (Eisenbahn-Bundesamt).

Bund Naturschutz in Bayern e. V.: Der Bund Naturschutz in Bayern e. V. steht dem Transrapid sehr ablehnend gegenüber. Kritisiert werden der zu hohe Energieverbrauch bei zu wenig Platzangebot, sowie die einseitige Nutzung ausschließlich zum Personentransport. Favorisiert werden bessere Vorschläge für Alternativen zum Transrapid, zum Beispiel die Express-S-Bahn. Die Transrapidtechnik lässt sich nicht mit anderen Verkehrssystemen kombinieren. Die Belastungen für die betroffenen Anwohner sind zu hoch. Die notwendigen Investitionen könnte man sinnvoller investieren.

Die Schüler dieser Rolle sollen vor allem auf die ökologischen Aspekte hinweisen.

Anwohner der Olympia Pressestadt: Die Anwohner sind besorgt, da sie befürchten, durch den Transrapid würde ihre Wohnqualität gemindert werden. Die Lärmbelastung wäre zu hoch, bei annähernd 250 Zügen pro Tag eine konstante Belastung. Viele Bewohner würden dann 30 Meter neben der Trasse wohnen. Zusätzlich sorgen sich die Bewohner um mögliche Erschütterungen durch den Transrapid. Die Anwohner machten schon öfters mit Protestaktionen auf sich aufmerksam.

Diese Gruppe ist persönlich von den Auswirkungen betroffen und macht sich für alternative Lösungen, die ihr Wohngebiet nicht betreffen, stark.

Stadt München: Die Stadt lehnt den Transrapid ab, weil sie mehr Investitionsbedarf in den bestehenden Nahverkehrseinrichtungen sieht.

Die Stadt München will das Verkehrsproblem auf eine andere Art lösen, beispielsweise durch die Express-S-Bahn.

Bayerisches Staatsministerium für Wirtschaft, Infrastruktur, Verkehr und Technologie: Das Ministerium ist stark für eine Realisierung des Projekts. Allerdings hat es sich aus der Planung zurückgezogen, da die Finanzierung nicht mehr überschaubar ist. Trotzdem soll es realisiert werden, um ein wichtiges Verkehrsproblem zu lösen. Der Transrapid ist ein Prestigeobjekt und wäre eine weitere Attraktion in der „High-Tech-Stadt" München. Würde das Projekt nicht Realität werden, wäre das eine herbe Niederlage für die Politik und zudem eine nicht genutzte Chance.

Für das Ministerium wird es höchst Zeit, das Projekt in einen sicheren Hafen zu bringen, um nicht noch weiter an Glaubwürdigkeit zu verlieren.

Bayerische Magnetbahnvorbereitungsgesellschaft: Die BMG wurde 2001 gegründet und setzt sich zu gleichen Teilen aus der Deutsche Bahn AG und dem Freistaat Bayern zusammen. Die Gesellschaft befürwortet den Transrapid und bereitet das Baurecht für die Strecke vor. Sie klärt die Bevölkerung über den Stand der Dinge auf und ist Vorhabensträger für das Raumordnungsverfahren und das Planfeststellungsverfahren. Die deutsche Bahn ist interessiert, ein zukunftsträchtiges Produkt betreiben zu können.

Die Gesellschaft wurde gegründet um das Projekt möglichst schnell durchzuziehen. Vor allem die Bahn hofft auf eine schnelle Verwirklichung, um die Kosten nicht noch weiter zu erhöhen.

Transrapid International: Gemeinsame Gesellschaft der Unternehmen Thyssen Krupp und Siemens. Sie sind Entwickler des Transrapid-Systems. Für den erfolgreichen Export der Technologie ist eine Referenzstrecke in Deutschland nötig. Alle bisher geplanten Projekte sind nicht realisiert worden. Das Projekt in München ist den beteiligten Unternehmen äußerst wichtig, um die Technologie am Leben zu halten. Ihr Produkt soll endlich auf einer Strecke in Deutschland zu sehen sein.

Regierung von Oberbayern: Die Regierung von Oberbayern führt das Anhörungsverfahren durch. Nach Abschluss der Konferenz leitet sie die Unterlagen mit einer Einschätzung an das Eisenbahn-Bundesamt weiter.

Eisenbahn-Bundesamt: Das Eisenbahn-Bundesamt entscheidet über den Bau des Transrapid. Es gibt Beschlüsse heraus, nach denen das Projekt verwirklicht werden soll.

Die einzelnen Gruppen sollen sich auch untereinander, besonders mit den Gruppen, die die gleiche Meinung vertreten, absprechen. Somit kann auch eine gemeinsame Strategie erarbeitet werden. Es ist sinnvoll, Material untereinander auszutauschen. Die Konferenzleiter und die Entscheidungsträger sollen sich auch gründlich mit der Thematik befassen und schon im Vorfeld der Konferenz bestimmte Fragen vorbereiten.

4. Benötigtes Material und vorherige Organisation:
Für eine erfolgreiche Durchführung des Planspiels sollte folgendes Material vorhanden sein: Für die Einteilung der Gruppen werden Lose oder Spielkarten benötigt. Stifte, Papier, eventuell Kreide und ein oder besser mehrere Computer für die weitere Recherche sollten in unmittelbarer Nähe der Schüler sein. Auch sollte ein großer Teil des Informationsmaterials bereits zugänglich sein, damit sich die Schüler schnell in die Thematik einlesen können. Das hilft auch bei der weiteren Recherche. Für die Konferenz sollten die Tische und Stühle so angeordnet sein, dass sie von allen unbeteiligten Schülern gesehen werden können.

IV. Didaktische Analyse

1. Unterrichtsinhalte nach Klafki

Im Folgenden soll auf die exemplarische, gegenwärtige und zukünftige Bedeutung des Themas eingegangen werden.

Exemplarische Bedeutung

Die Strukturanalyse des Heimatraumes in Form einer Detailanalyse (Transrapid in München) veranschaulicht den Schülern das Zusammenwirken von Mensch und Raum, wie Veränderungen den Raum umgestalten und in welchem Maß die Bewohner davon betroffen sind. Die Entwicklung einer Stadt erfolgt über gezielte Planung und Umsetzung bestimmter Projekte. Die Untersuchung eines Gebiets hinsichtlich des Verlaufs seiner räumlichen Entwicklung bringt Ergebnisse, die auf andere Räume übertragen werden können. Die Schüler erhalten einen Einblick in die Planung und Umsetzung Raumstruktur verändernden Eingriffen in das Stadtbild. Zudem wird die Notwendigkeit von planerischen Maßnahmen und einer Diskussion über deren Umsetzung erkannt.

Gegenwartsbedeutung

Das Thema Transrapid in München ist sehr aktuell und die Diskussion wird auch öffentlich geführt. Die Schüler werden in Zeitungen oder im Fernsehen/Rundfunk mit dem Problem konfrontiert. Einige sind eventuell selbst davon betroffen und haben sich schon eine Meinung gebildet. Bei einer Entscheidung für den Transrapid wird das Stadtbild in kurzer Zeit um eine High-Tech-Attraktion reicher sein. Sollte sich gegen den Transrapid entschieden werden, stellt sich die Frage, wie dem erhöhten Verkehrsaufkommen anderweitig Rechnung getragen werden kann.

Zukunftsbedeutung

Mit einer Entscheidung für oder gegen den Transrapid hört die Stadtplanung und -entwicklung in München nicht auf. Es wird in Zukunft noch oft über derartige Maßnahmen oder Projekte debattiert werden. So steht zum Beispiel die Untertunnelung des Hauptbahnhofes, oder eine dritte Start-/Landebahn am Flughafen München, die bereits beschlossen ist, im Raum. Die Schüler sollen derartige Überlegungen und Diskussionen nachvollziehen und bewerten können. Sie sollten sich auch zukünftig mit dem Thema Stadt-, Verkehrsentwicklung auseinandersetzen und in der Lage sein, über Vor- und Nachteile bestimmter Projekte zu diskutieren und sich eine eigene Meinung bilden.

2. Didaktische Reduktion

Aus der Entwicklungsgeschichte einer Stadt lassen sich für den Unterricht immer nur gewisse Teile herausgreifen. In der Unterrichtsstunde wird das Thema Stadtentwicklung begrenzt auf die Diskussion um den Bau des Transrapids in München. Der Schwerpunkt liegt also auf dem Thema Verkehrsplanung. Es würde zu weit führen, die genauen Planungsabläufe (Gutachten, Genehmigungen, Diskussionen, Foren,...) zu erörtern. Die Diskussion ist reduziert auf die Pro- und Contraargumente der einzelnen Interessengruppen im Rahmen einer Konferenz: Welche Vorteile oder Einschränkungen könnte der Transrapid der Stadt bringen?

3. Festlegung der Lernziele

Rolf Manthey gibt in seinem Buch „Theorie und Praxis des Planspiels im Geographieunterricht" eine Aufzählung wichtiger Lernziele im Bereich der Planspiele. Es wurde versucht, diese Aspekte in die Formulierung der Lernziele einfließen zu lassen.

Instrumentell

Die Schüler-/innen benennen im Rahmen eines Planspiels in Gruppen- oder Teamarbeit den Inhalt ausgewählter Texte über das Transrapidprojekt in München, identifizieren und sammeln daraus Argumente, indem sie in Gruppen- oder Teamarbeit Textanalysen durchführen. Weiteres, themenverwandtes Informationsmaterial darf hinzugezogen werden. Eine bestimmte Einstellung dem Problem gegenüber soll identifiziert, klassifiziert und deren Inhalt in ein Gesamtkonzept eingeordnet werden können. Die Schüler-/innen fassen ihre Argumente zusammen und tragen sie im Rahmen der Konferenz ihren Mitschülern vor.

Kognitiv

Anhand des ausgewählten Informationsmaterials sollen die Schüler-/innen ein Bewusstsein für Stadträume und damit verbundene Probleme entwickeln und beschreiben können. Zudem sollen die Erwartungen, die die einzelnen Interessengruppen an die Gestaltung des geographischen Raumes haben, genannt werden können. [15]

Affektiv

Die Schüler-/innen sollen lernen, mit den erarbeiteten Argumenten in der Konferenz zu diskutieren. Damit soll Gesprächs- und Diskussionskompetenz erworben werden. Es soll Verständnis für die einzelnen Positionen und Argumentationen entwickelt werden.

Argumente müssen rational bewertet werden können, um letztendlich eine Entscheidung zu treffen.

4. Lehrplanbezug

Die Unterrichtseinheit ist für eine 11. Klasse am Gymnasium konzipiert im Rahmen des Themas „Strukturanalyse des Heimatraumes". Ahnhand einer Detailanalyse soll das Zusammenwirken von Mensch und Raum veranschaulicht und ein Einblick in die Raumplanung gegeben werden. Die Schüler sollen die Auswirkungen der Raumgestaltung durch den Menschen erkennen und bewerten können. In dieser Unterrichtseinheit soll auf die räumliche Entwicklung und die Raumplanung im Untersuchungsgebiet eingegangen werden. Mindestens ein räumlicher Prozess soll einer näheren Betrachtung unterzogen werden. Ausdrücklich wird darauf hingewiesen, verschiedene Interessenskonflikte zu diskutieren. An dieser Stelle wird auch auf die Möglichkeit einer Exkursion in das Untersuchungsgebiet hingewiesen. Im Zusammenhang mit dem Thema Transrapid in München würde sich eine Exkursion durch die Stadt, an

---

[15] Manthey, Rolf, 1990: Theorie und Praxis des Planspiels im Geographieunterricht dargestellt auf der Grundlage einer Analyse von Planspielen und gezielter Erprobungsversuche. Europäische Hochschulschriften. Reihe 11. Pädagogik; 431. Frankfurt am Main.

der geplanten Strecke entlang anbieten. Am Flughafen in München befindet sich ein Informationszentrum zum Thema Transrapidanbindung. Im Laufe der Exkursion kann auf die Auswirkungen des Transrapid eingegangen werden.

5. Unterrichtsmethoden

In der Unterrichtseinheit kommen mehrere Unterrichtsmethoden zum Einsatz. Die einzelnen Teile des Planspiels lassen sich verschiedenen Unterrichtsmethoden zuordnen. So lässt sich zum Beispiel die Aktionsform „Planspiel" wieder in einzelne Aktionsformen unterteilen (Arbeit an Materialien, Schülerdemonstration). Die Aktionsform der Unterrichtsstunde ist also nicht nur das Planspiel, sondern ebenso die Arbeit an Materialien als ein Aspekt des Planspiels.

Motivationsphase

In der Motivationsphase findet ein lehrergeleitetes Unterrichtsgespräch statt, in dem Vorwissen aus vorangegangenen Stunden aktiviert, wiederholt und eventuell ergänzt wird. Die Schüler sollen sich mit dem Thema: „Entwicklung der Verkehrsplanung in München" bereits auseinandergesetzt haben. Durch das Auflegen einer Folie, die ein Bild des Transrapids zeigt, wird die Aufmerksamkeit der Schüler auf die Thematik der Stunde und des Spiels gelenkt. Die Aktionsform ist charakterisiert durch Fragen in einer dialogischen Unterrichtsform. Sozialform ist hier der Frontal- oder Klassenunterricht.

Planspiel

Durch die Aufgabe, „Entscheidung für oder gegen den Transrapid" werden die Schüler angeregt, sich mit der Thematik auseinanderzusetzen. Dies geschieht, indem sich die Schüler mit Texten, Tabellen und Diagrammen, die Auskunft über das Thema Transrapid geben, auseinandersetzten. Die Konkurrenz unter den einzelnen Interessengruppen bringt zusätzliche Motivation bei der Erarbeitung der Argumente, der Argumentations- und Demonstrationsweise. Die Motivation erhöht sich auch dadurch, dass die Entscheidungsträger überzeugt werden sollen. Aus der erhöhten Motivation ergibt sich ein höherer Lernerfolg. Für das gesamte Planspiel (Aktion), lässt sich das Unterrichtskonzept des handlungsorientierten, schülerorientierten und in gewisser Hinsicht auch des problemlösenden Unterrichts bestimmen. Unterrichtsform ist der aufgebende, entwickelnde Unterricht. Die Sozialformen sind in diesem Unterrichtsabschnitt die Kleingruppenarbeit, Einzel- oder Gruppenvorträge. Als Unterrichtsprinzip lässt sich Lebensnähe, Selbsttätigkeit und Zielorientierung festlegen.

Einzelne Teile des Planspiels

Die Textanalyse spielt eine große Rolle, da die zur Argumentation notwendigen Informationen aus Texten, Diagrammen und Tabellen zu beziehen sind. Als Aktion gilt hier die Arbeit an Materialien in der Sozialform der Kleingruppenarbeit. Unterrichtsprinzip ist die Selbsttätigkeit und die Zielorientierung.

Zu Beginn der Konferenz präsentieren die Sprecher der einzelnen Gruppen ihre Ergebnisse in einer kurzen Zusammenfassung dem Publikum. Die Schüler erhalten die Gelegenheit, ihre Ergebnisse der Klasse vorzutragen, wodurch das freie Sprechen vor einem Publikum geübt wird. Gelingt dies, so wird das Selbstvertrauen erhöht, wodurch die Beteiligung an zukünftigen Diskussionen eventuell leichter fällt. Unterrichtskonzept ist in diesem Abschnitt der kommunikative, schülerorientierte Unterricht, in der dialogischen Unterrichtsform. Sozialform ist hier die Kreissituation, die Aktionsform ist die (Schüler-) Demonstration. Unterrichtsprinzipien sind Zielorientierung und Selbsttätigkeit.

Die Entscheidungsfindung ist ein zentraler Teil des Planspiels und unterscheidet es von einem Rollenspiel. Die Entscheidungsträger müssen abwägen, welche Argumente die überzeugendsten waren und ob eine vorgeschlagene Realisierung möglich ist oder nicht. Die Entscheidungsfindung sollte immer objektiv sein, also frei von Sympathie oder Antipathie der Schüler untereinander. Der Lehrer als drittes Mitglied der Entscheidungsträger soll hierbei unterstützen und dafür Sorge tragen, dass nicht Einzelmeinungen dominieren. Die Entscheidung muss sachlich begründet sein. Da die Entscheidungsfindung nicht innerhalb der Klassengemeinschaft erfolgt, ist die Festlegung von Unterrichtsmethoden eingeschränkt.

In der Rollendistanzierung sollen die Schüler die aufgelegte Rolle und deren Merkmale und Verhaltensweisen ablegen. Ein Gespräch über die Erfahrungen im Spiel ist sinnvoll, um zu vermeiden, dass die Rolle auch über das Spiel hinaus getragen wird.

6. Verwendete Medien

Folgende Medien sind Bestandteil der Unterrichtseinheiten:

Personale Medien

Der Lehrer leitet das einführende Unterrichtsgespräch. Er ist Spielleiter und dritter Entscheidungsträger. Während des Spiels hält er sich im Hintergrund, um die Eigenständigkeit der Schüler nicht zu behindern. Er steht aber bei Fragen zur Verfügung und kann Hilfe geben.
Die Mitschüler präsentieren Ergebnisse und erläutern Sachverhalte.

Apersonale Medien

Als apersonales Medium findet der Overhead-Projektor Verwendung, auf dem die Folie in der Motivationsphase präsentiert wird.
Die Arbeitsblätter bieten dem Schüler Informationen, die zur Sammlung der Argumente benötigt werden.
Die Verwendung des Computers ist für die weitere Recherche nützlich.
An der Tafel können die vortragenden Schüler, sofern sie das wollen und für nötig erachten, ihre Erläuterungen mit Skizzen oder ähnlichem veranschaulichen.

V. Schlussbemerkung

Die Diskussion um den Transrapid zieht sich nun schon über Jahre hin, so dass bestimmt jeder Schüler schon etwas über dieses Projekt erfahren hat. Die Behandlung im Geographieunterricht, in Verbindung mit einem Planspiel, bietet sich, gerade an einem Münchner Gymnasium an. Die betroffenen Stadträume liegen in der unmittelbaren Umgebung und können von den Schülern gegebenenfalls selbst in Augenschein genommen werden. Wie bereits erwähnt, wäre eine Exkursion zum Flughafen im Anschluss an dieses Planspiel sehr sinnvoll.

Planspiele lassen sich im Geographieunterricht in vielen Variationen einsetzten. Meist ist es für die Schüler eine willkommene Abwechslung, wenn sie selbst argumentieren und vor allem entscheiden können.

Das Thema Stadtentwicklung ließe sich in vielerlei Hinsicht in Planspielen realisieren.

So ist für diese Thematik auch der Einsatz eines Simulationsspiels, in dem eine Stadt Stück für Stück aufgebaut wird, denkbar.

Literaturverzeichnis:

Kestler, F.(2002): Einführung in die Didaktik des Geographeunterrichts. Bad Heilbrunn.

Manthey, R. (1990): Theorie und Praxis des Planspiels im Geographieunterricht dargestellt auf der Grundlage einer Analyse von Planspielen und gezielten Erprobungsversuche. Europäische Hochschulschriften. Bd. 11. Pädagogik; 431. Frankfurt am Main.

Haubrich, H. (1983): Spieltheorien-Spielformen-Spielpraxis. In: Praxis Geographie. Band 13. Heft 10. S. 45-50.

Haubrich, H., Kirchberg, G. e. a. (1997): Didaktik der Geographie konkret. München.

Klingsiek, G. (1997): Spielen und Spiele im Geographieunterricht. In: Praxis Geographie. Band 27. Heft 5. S. 4-10.

Manthey, H. und R.(1990): Transrapid-Planspiel über das Raumordnungsverfahren. In: Geographie Heute. Band 11. Heft 77. S. 20-26.

Schmidt, A. (1977): Unterrichtsbeispiele zur Erdkunde-20 Modelle aus 2 Jahrhunderten. Bad Heilbrunn.

Internetquellen:

http://www.br-online.de/bayern-heute/thema/transrapid/sicherheit.xml   20.1.2006

http://www.br-online.de/bayern-heute/thema/transrapid/index.xml 20.1.2006

http://www.br-online.de/bayern-heute/thema/transrapid/bayern.xml 20.1.2006

http://www.br-online.de/bayern-heute/artikel/0412/20-transrapid/index.xml
        20.1.2006

http://www.br-online.de/bayern-heute/thema/transrapid/aktuell.xml 20.1.2006

http://www.magnetbahn-bayern.de/09_09_05.html   20.1.2006

http://www.magnetbahn-bayern.de/November05/november05.html 20.1.2006

http://www.magnetbahn-bayern.de/09_09_05/09_09_05.html   20.1.2006

http://www.magnetbahn-bayern.de/Dezember05/01_12_05/01_12_05.html
        20.1.2006

http://www.magnetbahn-bayer.de/Dezember05/01_12_05/17_12_05.html20.1.2006

http://www.sueddeutsche.de/muenchen/artikel/728/64664/   20.1.2006

http://www.bmg-bayern.de/vort_5.php   20.1.2006

http://www.bmg-bayer.de/vort_10.php   20.1.2006

http://www.transrapid-muenchen.net/pdfs/grundlagen_weltmarktchancen.pdf
    20.1.2006

http://www.transrapid-muenchen.net/about.html   20.1.2006

http://www.contratransrapid.de/html/1_-_05-05-2005.html   20.1.2006

http://www.contratransrapid.de/html/2_1_-_07-07-2004_-_oh.html 20.1.2006

http://www.contratransrapid.de/html/2_1_-_07-07-2004_-_mb.html 20.1.2006

http://www.contratransrapid.de/html/3_-_02-11-2005_-_zt.html   20.1.2006

http://www.transrapid-links.de/   20.1.2006

http://www.stmwivt.bayern.de/verkehr/transrapid.html   20.1.2006

http://www.mobil.org/transrapid_press.html   20.1.2006